LES
EAUX SILICATÉES

DE

SAIL-LÈS-CHATEAU-MORAND

(LOIRE)

DU ROLE DE LA SILICE ET DES SILICATES

DANS LES EAUX MINÉRALES

PAR

LE DOCTEUR F. HUGUES

Ancien Interne des hôpitaux de Lyon, membre correspondant de la Société des
Sciences Médicales de la même ville,
de la Société d'Émulation des Sciences Physiques Naturelles de Paris,
Médecin aux Eaux de Sail-lès-Château-Morand

NICE

IMPRIMERIE V.—EUGÈNE GAUTHIER ET COMPAGNIE

—

1868

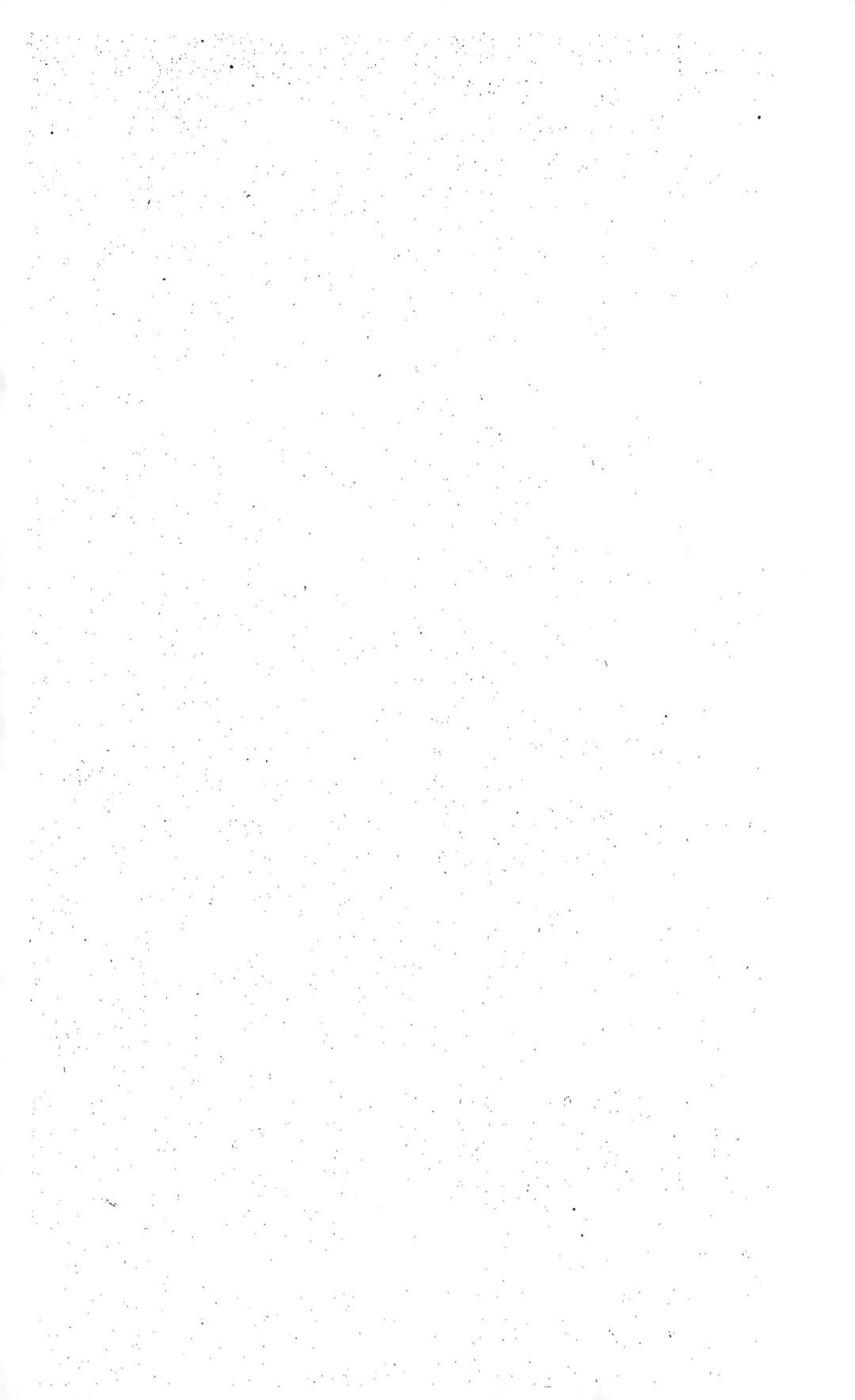

LES EAUX SILICATÉES

DE

SAIL-LÈS-CHATEAU-MORAND

(LOIRE)

Nice. — Typ. V.-Eugène GAUTHIER et Cᵉ.

LES

EAUX SILICATÉES

DE

SAIL-LÈS-CHATEAU-MORAND

(LOIRE)

DU ROLE DE LA SILICE ET DES SILICATES

DANS LES EAUX MINÉRALES

PAR

LE DOCTEUR F. HUGUES

Ancien Interne des hôpitaux de Lyon, membre correspondant de la Société des
Sciences Médicales de la même ville,
de la Société d'Émulation des Sciences Physiques Naturelles de Paris,
Médecin aux Eaux de Sail-lès-Château-Morand

NICE

IMPRIMERIE V.-EUGÈNE GAUTHIER ET COMPAGNIE

1868

CHAPITRE PREMIER

Coup d'œil sur les corps adjuvants qui entrent dans la composition des eaux minérales. — Présence à .peu près constante de la silice et des silicates. — Tableau des principales sources silicatées. — Plan de ce travail.

A mesure que les procédés d'analyse chimique se perfectionnent, nous découvrons dans les eaux minérales des principes nouveaux qui nous donnent la clef de certaines propriétés inexplicables. Tel est le cas de l'arsenic, qu'on a finalement trouvé.dans les eaux du Mont-d'Or, et que l'on considère depuis comme le *Deus ex machinâ* de tous les résultats thérapeutiques. A côté de l'arsenic, et le plus souvent à doses bien supérieures, se placent d'autres agents, qui sont loin de jouir d'une aussi grande estime médicale. Ce sont : la lithine, la baryte, la strontiane, le zircone, le titane, le nickel, le cobalt, la silice, les silicates et tant d'autres que nous passons sous silence.

D'où vient donc l'indifférence des hydrologues à l'égard de ces principes? Seraient-ils réellement déshérités de tout apanage thérapeutique? Un exemple suffira pour prouver le contraire.

Les eaux de Vichy contiennent, en première ligne,

des proportions notables de bicarbonate de soude, et, à la suite, cette pléiade de corps à petite dose (lithine, strontiane, silice, alumine, etc.), qui n'est pas sans quelque analogie avec la fameuse thériaque des anciens. Or, si le bicarbonate de soude exerçait à lui seul toute l'influence curative, il ne serait pas nécessaire de dépayser, tous les ans, tant de malades, au grand détriment de leurs forces, pour réaliser un bénéfice qui pourrait tout aussi bien s'acquérir ailleurs, et dans des conditions aussi avantageuses.

Pourquoi donc conseiller à tout prix les eaux de Vichy sur place? La raison en est toute simple. On n'obtient pas avec le bicarbonate de soude, médicament, les mêmes résultats qu'avec l'eau de Vichy. On est donc forcé d'admettre, comme conséquence, que les principes placés en sous-ordre exercent une large part d'influence thérapeutique. D'ailleurs, il ne faut pas avoir longtemps pratiqué aux eaux minérales, sans s'être aperçu que le résultat thérapeutique n'a pas toujours des connexions bien étroites avec l'action définie de tel composant principal. Ce qui pour nous s'explique, toutes réserves faites en faveur des circonstances fortuites, par le jeu de ces principes eux-mêmes, dont nous méconnaissons la mission intime.

Cette digression n'est pas sans importance pour l'esprit qui entreprend l'étude particulière de chacun de ces agents soi-disant secondaires. Elle donne au moins l'assurance, au milieu de la profonde obscurité dans laquelle on s'engage, qu'on ne court pas aveuglément à la recherche de propriétés qui n'existent pas.

Nous nous proposons, dans ce travail, d'attirer l'attention sur un de ces corps ignorés, *la silice*, dont la présence dans les eaux minérales est à peu près constante.

Nous avons dressé le tableau suivant, dans le but de mettre en relief les nombreuses sources qui renferment ce principe, en proportion notable :

Eaux minérales contenant des proportions notables de silice et de silicates.

		SILICE et SILICATES	SOMME TOTALE des Principes fixes
Eaux silicatées pures	Plombières.........	0.1366	0.2838
	Evaux.............	0.1883	1.3552
	Sail-Château-Morand	0.1301	0.5198
	Arlanc	0.2500	0.8920
Eaux alcalines mixtes silicatées	Néris	0.1121	1.2650
	Sail-sous-Couzan ...	0.1850	2.1590
	Rouzat	0.2130	3.0660
	Royat.........	0.1560	5.2500
	Mont-d'Or.........	0.2100	1.5180
Eaux alcalines silicatées	Vichy.............	0.6500	6.7340
	Condillac..........	0.2450	2.1930
	Renaison	0.2000	1.5410
	Saint-Allyre.......	0.3900	4.6400
	Contrexéville.......	0.1200	2.9410
Eaux salines silicatées	Bourbonne.........	0.1200	7.5460
	Seidschutz..... ...	0.2825	20.6472
	Bourboule.........	1.1120	7.0920
Eaux sulfureuses silicatées	Baréges	0.1060	0.3500
	Amélie-les-Bains ...	0.0902	0.3039
	Cauvalat-les-Vigan .	0.2600	1.799
	Bilazay.	0.1200	1.300
	Ax................	0.1599	0.3524
	Valdieri	0.0990	0.24146
Eaux ferrugineuses silicatées	Source de Jonas	0.5200	0.9770
	Castel-Jaloux.	0.0800	0.6190
	Soultzbach	0.056712	2.247903
	Saint-Pardoux	0.07000	0.1841
	Porta	0.0800	1.1710
	Auteuil...........	0.1400	3.2550
Eaux iodurées silicatées	Saxon.............	0.9500	0.9440
	Bondonneau........	0.1280	0.6070
	Gréoulx	0.120	2.5690

On remarque, dans cette nomenclature, la plupart des eaux les plus réputées, telles que Vichy, Contrexéville, le Mont-d'Or, Néris, Bourbonne, Baréges, Amélie, etc.

Nous ne voulons pas inférer de là que la célébrité de ces stations hydro-minérales repose entièrement sur l'action de la silice et des silicates ; nous croyons seulement que ces principes y contribuent pour une part. Quant à déterminer cette part, nous reconnaissons que c'est chose très-difficile dans la généralité des sources ; d'autant plus difficile dans les eaux alcalines fortes, par exemple, qu'elle y est masquée par le chiffre élevé des principes fixes, et dans les eaux sulfureuses de Baréges, d'Amélie, qu'elle y est dominée par l'énergie des sulfures.

Nous ne voyons qu'une seule classe d'eaux minérales qui, par la prédominance quantitative de la silice, la faible minéralisation et l'absence de tout agent énergique étranger, laisse aux silicates une liberté complète dans leurs manifestations thérapeutiques.

C'est la classe peu nombreuse qui figure dans notre tableau sous le nom d'*eaux silicatées*, et dans laquelle entrent Plombières, Sail-lès-Château-Morand, Arlanc et Evaux.

Nous allons interroger cliniquement une des eaux de cette classe (Sail-lès-Château-Morand) ; nous l'abandonnerons le plus complétement possible à ses manifestations naturelles, en éloignant de son administration tout agent externe impressionnable.

Nous colligerons les documents qui ont été produits avant nous et qui ont trait à cette question.

Nous comparerons toutes ces données entre elles, de manière à les confirmer les unes par les autres, ou à en montrer la divergence.

Nous concluerons d'après les faits ; nous tâcherons enfin de pénétrer les secrets qui président au mode d'action des eaux silicatées.

CHAPITRE II

Résumé des principaux documents relatifs à la silice et aux silicates.

La silice (acide silicique) est un des corps les plus répandus dans la nature. Elle fait partie de toutes les roches primitives, des argiles, des terrains de diverses formations; elle entre dans la gangue de beaucoup de minéraux, dans presque toutes les pierres précieuses, les cendres de la plupart des végétaux et une foule de sources minérales.

Elle offre deux variétés, l'état anhydre et l'état hydraté.

La silice anhydre est insoluble, elle constitue la plupart des quartz cristallisés; on la prépare en soumettant les hydrates à la calcination.

La silice hydratée peut renfermer les éléments de l'eau en proportion variable, depuis les agates, qui en contiennent une très-faible quantité, 1 à 2 pour cent, jusqu'à la silice gélatineuse qui en absorbe 16.5 pour cent.

On la prépare en traitant le fluorure de silicium par l'eau; il se produit de l'acide hydrofluosilicique et de la silice gélatineuse (Si O³, HO), qui peut être recueillie.

La silice s'obtient également à l'état gélatineux, lorsqu'on traite les silicates alcalins par un acide.

La silice gélatineuse est légèrement soluble dans l'eau ; on la trouve en plus ou moins grande quantité dans les sources minérales, et notamment dans certaines eaux d'Islande. Il est douteux qu'elle y préexiste à l'état libre ; c'est du moins l'opinion de M. O. Henry, qu'elle est mise en liberté, par suite de la décomposition des silicates au contact de l'acide carbonique de l'eau ou de l'air. Dans ce cas, il se forme un carbonate alcalin, et la silice libre est dissoute ou flotte en partie dans le liquide.

La silice se combine avec les bases en diverses proportions. Tantôt il y a excès de silice, comme dans le verre ; tantôt il y a excès de base.

Les silicates alcalins avec excès de base sont les seuls solubles dans l'eau ; on les trouve dans la composition des eaux minérales et on peut les obtenir directement en fondant une matière siliceuse avec un carbonate alcalin. L'acide carbonique volatil se dégage par la chaleur et l'acide silicique, plus fixe, se combine avec la base pour former un silicate.

Au temps de Basile Valentin, on faisait bouillir dans de la potasse caustique liquide des cailloux brisés ou du sable, qui s'y dissolvaient. Le produit n'était autre chose que du silicate de potasse, avec excès de base ou verre soluble, verre liquide. Il était connu en médecine sous le nom de *liqueur de cailloux* et servait dans certains cas d'affections articulaires.

Le verre ordinaire lui-même était employé contre la spermatorrhée.

Mais c'est à MM. Petrequin et Socquet que revient le mérite d'avoir remis la question de la silice et des silicates sur son véritable terrain scientifique. Ces auteurs acceptèrent l'analyse chimique comme base rigoureuse de leur classification, et selon que telle source possédait tel ou tel principe prédominant, ils la placèrent par ordre dans des cadres tout tracés d'avance. Ils touchaient à leur but sans encombre, lorsqu'ils furent arrêtés par un résidu peu nombreux d'eaux minérales, qui, la méthode à la main, ne pouvaient entrer dans aucune classification existante. C'était Plombières, Évaux, Sail-les-Château-Morand et Arlanc. Le chiffre de la silice et des silicates était ici en telle prédominance quantitative, qu'après beaucoup de tergiversations, sans doute, les auteurs dont nous venons de parler se virent forcés de créer une nouvelle classe : celle des eaux alcalines mixtes silicatées. Dénomination qui accorde trop d'importance aux doses infimes des carbonates et que nous proposons de remplacer par celle plus simple et plus générique d'eaux silicatées, comme on dit eaux ferrugineuses, eaux iodurées.

MM. Petrequin et Socquet furent naturellement conduits à aborder l'étude des propriétés physiologiques et thérapeutiques de la silice et des silicates, et c'est ici que commença la véritable difficulté. Nulle part on ne s'était occupé de cette question : pas d'observations cliniques, aucune mention dans Trousseau et Pidoux. Les recueils homœopathiques seuls donnaient,

sous forme d'aphorisme, la définition suivante : « L'a-
cide silicique a la propriété de diminuer le calibre des
vaisseaux sanguins. » Les médecins de Lyon se mi-
rent à l'œuvre ; l'un d'eux tenta de créer la question
physiologique ; en expérimentant le silicate de soude
sur lui-même, il reconnut que 0.50 de silicate de
soude ajoutés à l'eau de Saint-Galmier rendaient les
urines alcalines. Ce qui n'a jamais lieu avec les eaux
de Saint-Galmier pures. Il obtint le même effet avec
0.25 de silicate de soude, et il conclut que les sels
de silice agissaient dans l'organisme comme les bicarbonates alcalins.

M. Socquet essaya le même médicament sur ses
malades de l'Hôtel-Dieu ; il lui trouva, d'accord en cela
avec la clinique de Plombières, Evaux, etc., une action efficace dans la gravelle et la goutte, et le proposa
comme devant combattre avantageusement tous les
accidents de la diathèse urique.

Comme on peut le juger, cette question était plutôt
posée que résolue, et les auteurs du Traité pratique des
eaux minérales ne manquent pas de nous dire en
finissant : « C'est à une expérience ultérieure, appuyée
sur des observations nombreuses, qu'il appartiendra
de nous renseigner plus amplement sur tous ces
points. »

MM. Socquet et Bonjean sont revenus en 1856 sur
l'action du silicate de soude dans la diathèse urique.
Ils ont avancé que ce médicament était plus efficace
que le bicarbonate de soude, par la raison que l'acide
urique rendu par les malades se dissout entièrement
dans une solution froide de silicate de soude, tandis

que cet acide n'est dissout ni à froid ni à chaud par
le bicarbonate alcalin.

Le docteur Mougeot, de Bar-sur-Aube, après avoir
reconnu l'action éminemment cicatrisante et résolutive de la silice appliquée comme topique, a proposé
de remplacer les substances à cataplasme et les grais-
ses dans les pommades par le précipité gélatineux d'a-
cide silicique que l'on obtient en traitant une solution
de silicate alcalin par un acide.

M. Mougeot est-il arrivé directement à proposer
cette modification dans les ingrédiens topiques, ou
bien le voisinage et la pratique des eaux de Bourbonne-
les-Bains l'ont-ils mis sur la voie de cette découverte?
Quoi qu'il en soit, les boues, qui s'accumulent dans les
puisards de Bourbonne, et qui contiennent, d'après
Vauquelin, 80 pour cent de silice, sont employées
comme résolutives dans les tumeurs de différente
nature.

C'est le docteur Cabrol qui a eu l'heureuse idée de
faire revivre cette pratique, il y a bientôt quinze ans,
dans l'établissement de Bourbonne. L'éminent médecin en chef de l'hôpital militaire nous a donné quelques observations, très-probantes, une entre autres,
celle d'un vaste ulcère du pied et de la jambe, qui avait
résisté à tous les traitements, et qui, exaspéré par
l'eau salée de Bourbonne, fut guéri par l'application
topique de la poussière de caillou (silice).

En 1866, le professeur Shun a adopté comme appareil contentif, pour remplacer les appareils inamo-
vibles, à la dextrine et au plâtre, des bandelettes de
toile ou de coton enduites de silicate de potasse liquide.

Nous rappelons comme simple mention que le talc de Venise (silicate de magnésie) entre dans la composition de quelques opiats et poudres dentifrices.

Enfin, à la Société d'Hydrologie (séance du 2 mars 1868), M. Gigot-Suard attribue au silicate de soude une puissance dissolvante très-grande. Cette propriété explique l'efficacité des eaux silicatées dans certaines affections de la peau, qui reconnaissent pour cause l'uricémie (présence en excès de l'acide urique dans le sang), de même que la guérison des accidents de la goutte et de la gravelle urique par certaines eaux sulfureuses, dans la composition desquelles se rencontrent les silicates alcalins.

Tel est le récit des principaux documents qui sont relatifs à la silice et aux silicates.

L'observateur attentif y remarquera une lacune essentielle, l'absence à peu près complète de faits positivement articulés. Nous savons très-bien que généralement on lit peu les observations intercalées dans les textes ; ce ne doit pas être une raison pour ne pas les produire, même avec les plus longs détails. Ainsi, voilà la *liqueur des cailloux*, tant vantée au temps de Basile Valentin, qui tombe plus tard en désuétude, et la postérité médicale qui passe indifférente devant ce médicament autrefois célèbre, parce qu'elle ne retrouve plus les faits matériels seuls capables d'éclairer sa raison !

CHAPITRE III

Que doit-on entendre par propriétés spéciales dans les eaux minérales?
Observations cliniques aux eaux silicatées de Château-Morand.

Les médecins qui ne sont pas au courant des manipulations hydropathiques s'étonnent souvent de ce que des eaux thermales de nature différente sont susceptibles de guérir une foule de maladies semblables.

Rien n'est plus vrai, cependant; exemple : les douleurs rhumatismales, qu'on guérit dans presque tous les établissements thermaux. Ce qui a lieu pour le rhumatisme se passe aussi pour bon nombre d'autres maladies.

Il ne faut donc pas voir dans les indications multiples des allégations sans preuve ; seulement, ce qu'on est en droit de demander en regard de cette énumération infinie de guérisons, c'est la manière dont on les obtient.

Les moyens que l'on emploie aux eaux minérales pour le traitement des maladies sont de deux sortes : 1° les moyens spéciaux, d'où dérive l'action spéciale et qui consistent dans l'administration pure et simple

des eaux en boisson et en bain à une température
moyenne ; 2° les moyens adjuvants ou composés, qui
ne sont pas autre chose que les douches chaudes,
froides, mitigées, bains de vapeur, sudations, cure de
petit lait, de raisin, bains aromatiqués, etc., et qu'on
emploie en principe, sous prétexte de faciliter l'action
spéciale, mais qui, en réalité, exercent une action pro-
pre, énergique contre les maladies sur lesquelles l'action intrinsèque des eaux n'a pas d'influence.

Les moyens adjuvants constituent un traitement à
part dans chaque station hydrominérale ; l'action thérapeutique qui en découle est la même dans tous les
établissements, et c'est ce qui explique la parité des
résultats curatifs dans une foule de maladies semblables. Les observations qui suivent se rapportent essentiellement à l'action spéciale des eaux silicatées de
Château-Morand ; dans aucun cas, les moyens adjuvants n'ont prêté leur appui à l'action intrinsèque.

1ʳᵉ OBSERVATION

Eczéma et ulcère variqueux des membres inférieurs. —
Démangeaisons vives. — Gonflement de la jambe droite.
— *Bains et boissons silicatés.* — Amélioration considérable
après vingt jours de traitement.

G. L. arrive le 16 juillet 1866 à l'établissement de
Sail-les-Château-Morand. Depuis deux ans, il éprouve
des accidents du côté des membres inférieurs, qui ont
fini par rendre la marche à peu près impossible.

La maladie a débuté par quelques croûtes sur le coude-pied droit ; à la suite, vive démangeaison, gonflement de la jambe et, enfin, sur le côté interne de ce membre, plaie qui a toute l'apparence d'un ulcère variqueux.

Le malade a pris des bains, il a fait usage de diverses pommades, ce qui n'a pas empêché le membre inférieur gauche d'être atteint à son tour. Bains silicatés, boisson abondante.

Au bout de vingt-quatre jours de traitement, les plaies sont cicatrisées, l'eczéma a disparu, ce malade retourne chez lui très-content.

Le 29 juillet 1867, il nous revient frais et alerte. marchant sans bâton et complétement guéri de ses jambes.

Il nous raconte qu'après son départ, tous les accidents auxquels il était en butte ont disparu petit à petit et que, depuis cinq ou six mois, il a repris sa vie ordinaire.

2e OBSERVATION

Immense plaie ulcéreuse de la jambe gauche, datant de plus de dix-huit mois et s'agrandissant continuellement. — Douleurs intolérables nuit et jour. — Traitement syphilitique inefficace. — Guérison par les eaux silicatées de Sail-les-Château-Morand.

Cette guérison est une des plus belles que nous ayons obtenues par les eaux silicatées de Sail.

Il s'agit d'un malheureux qui était allé consulter le

docteur T..., de Roanne, et lui demander avec instance l'amputation de la jambe.

Depuis dix-huit mois environ, il souffre horriblement d'une plaie ulcéreuse de la jambe gauche, qui tend tous les jours à s'accroître. Il a passé deux mois à l'Hôtel-Dieu de Lyon. Il est revenu à Roanne et il a été traité six mois à l'hôpital de cette ville. On a d'abord songé à la syphilis, et prescrit l'iodure de potassium, qui n'a rien fait.

Les médecins qui l'ont vu à la sortie de l'hôpital, l'ont supposé atteint d'un ulcère de mauvaise nature ; il faut avouer qu'après tous les essais tentés, ce dernier diagnostic paraît probable.

Le malade nous dit qu'il a habité pendant longtemps un lieu bas et humide et que sa nourriture, quelque temps avant le début de son terrible mal, laissait beaucoup à désirer.

Nous ne croyons pas qu'il faille refuser les eaux à ce malheureux.

Le 15 juillet 1866, il commence son traitement (bains et boissons). Les douleurs diminuent bien vite. La jambe devient moins lourde. La cicatrisation commence dès le vingtième jour.

Ce malade a passé deux mois à l'établissement ; il est parti dans l'état le plus satisfaisant.

Il est certain qu'il n'y avait pas ici ulcère cancéreux : eu égard à l'étiologie, il y a tout lieu d'admettre un ulcère provoqué par les mauvaises habitudes hygiéniques et qui épuisait le malade. La cicatrisation aurait mis un terme à la cause d'épuisement et aurait favorisé le retour à l'état normal.

3e OBSERVATION

Ulcère variqueux des jambes

M.B..., quarante ans.— Depuis trois ans, douleurs et léger gonflement de la jambe gauche. On pratique une incision en un point qui paraît fluctuant. Il n'y a pas d'issue de pus. La plaie s'accroît et prend tous les caractères d'un ulcère variqueux, qui n'a pas de tendance à guérir.

Boissons et eaux silicatées. — Guérison.

4e OBSERVATION

Plaie de la surface palmaire droite, à la suite d'abcès multiples, décollement de la peau. — Cicatrisation lente et contrariée par la formation de nouveaux abcès..— Guérison.

M. D..., quarante-trois ans, — cultivateur, a été piqué à la paume de la main droite par un buisson, en mars 1865. A la suite, chaleur, douleur, gonflement, abcès, incision, suppuration ; en juin, nouvel abcès, décollement de la peau, fusées purulentes.

Il arrive le 17 juillet 1865 à Château-Morand. — Bains silicatés. — 5 août, guérison avec cicatrice et mouvements étendus assez difficiles.

5e OBSERVATION

Ulcère variqueux de la jambe droite. — Guérison.

Mme T..., de Roanne, cinquante-cinq ans. — Rougeur et gonflement de la jambe droite, la peau se fendille, il survient un large ulcère très-douloureux, on constate facilement des paquets variqueux le long des jambes et sur les cuisses.

Envahissement de la jambe gauche, douleurs très-vives.

Mme T... est dans le commerce, elle demande avant tout que la plaie se ferme et que le gonflement et l'irritation ne l'empêchent pas de vaquer à ses affaires.

7 juillet 1865. — Traitement ordinaire par les eaux silicatées.

12 août, la malade part guérie selon ses souhaits.

6e OBSERVATION

M. François T.., soixante huit ans. — Depuis quatre ans, ulcère variqueux des jambes, cautérisation des varices à l'Hôtel-Dieu de Lyon, à dix endroits différents. — Douleurs vives. — Guérison par les eaux silicatées.

7e OBSERVATION

Eczema localisé

Lorsque l'eczéma se localise, il présente une ténacité très-grande; il peut exister sur un même point pendant dix, quinze et vingt ans; il récidive très-facilement. Il n'est pas toujours très-prudent de le faire disparaître; cependant, il est des cas où les désordres locaux et généraux sont tels qu'une intervention médicale est nécessaire. Ce fait sera mis en évidence dans les observations suivantes. Les eaux silicatées agissent ici comme topiques et elles sont très-efficaces, soit pour diminuer l'éruption, soit pour la faire disparaître.

8e OBSERVATION

Eczéma des grandes lèvres datant de deux ou trois ans, surexcitation locale et générale, récidives fréquentes, découragement, guérison par les eaux silicatées de Sailles-Bains.

Mme A..., trente ans. — Est mariée et mère de plusieurs enfants. A la suite de son deuxième accouchement, elle a ressenti des démangeaisons au pli de l'aine du côté droit. Ce prurit était dû à une vive rougeur, qui a fini par gagner la grande lèvre du même côté.

A force de se gratter, de petites vésicules se sont formées et ont laissé suinter un peu de sérosité. Cet état, d'abord fugace, est revenu avec plus de persistance. La démangeaison est devenue incessante et intolérable. De là des phénomènes d'excitation, auxquels succédaient des idées tristes et le découragement.

Que de remèdes Mme A... n'a-t-elle pas employés pour améliorer sa position déplorable! Tout a échoué,

Une de ses amies lui conseilla en dernier lieu d'essayer les eaux de Sail-les-Bains. Mme A... avait perdu toute confiance en la médecine. Les douces persuasions de son mari la déterminèrent à tenter ce nouveau moyen.

Elle commença son premier traitement au mois de juin 1863; elle revint à Sail au mois d'août, de la même année. Son affection ne fut pas complétement guérie, mais elle fut heureusement modifiée, à son grand contentement et à celui de toute sa famille.

L'hiver suivant se passa sans trop de mal. Au mois de mai 1864, elle fut fidèle aux eaux de Sail.

Elle y est retournée en 1865, elle y retournera longtemps encore, par reconnaissance, car elle est complétement guérie. L'excitation générale a disparu, et l'état local nous semble revenu aux conditions normales, sauf un peu d'épaississement de la lèvre droite.

9ᵉ OBSERVATION

Acné indurata de la figure datant de six ans. — Petites tumeurs dures, restant longtemps stationnaires et disparaissant après la sortie d'une goutte de pus. — Affection rebelle guérie en deux saisons à Sail-les-Bains.

Mlle de L..., vingt-deux ans. — Tempérament lymphatique, peau épaisse, blafarde, à sécrétion grasse. Depuis six ou sept ans, le front et une partie de la figure se couvrent de petits boutons qui restent longtemps durs et pâles, puis le sommet devient rouge, se déchire et laisse sortir une gouttelette, soit de sérosité,

soit de pus ou de sang. Le petit bouton disparaît peu
à peu, laissant toutefois une légère trace de son exis-
tence.

En 1863, elle commence le traitement silicaté de
Sail-les-Bains. Au point de vue local, le résultat ne
semble pas satisfaisant ; mais, après une deuxième
saison, tous les boutons disparaissent.

En 1864, il existe encore quelques boutons dissé-
minés. Nouveau traitement à Sail-les-Bains, disparition complète de l'acné indurata. En 1865, la guérison se maintient et paraît définitive.

10ᵉ OBSERVATION

**Impétigo de la face et du cuir chevelu datant de neuf mois.
— Traitement silicaté. — Guérison.**

Mᵐᵉ H. est une jeune dame de vingt-quatre ans.
Elle a déjà souffert de douleurs rhumatismales, pour
lesquelles elle a visité Néris, Bourbon-Lancy, etc.

En 1863, au mois de septembre, sans cause connue,
sa figure devint le siége d'une vive rougeur, à laquelle
succéda la formation d'une croûte jaunâtre d'impétigo. Le mal s'étendit sur toute la tête.

Malgré les efforts tentés pour dissiper ce mal,
Mᵐᵉ H. ne put y réussir. Elle resta enfermée chez elle
pendant neuf mois, et n'en sortit que sur les instances
de son médecin, pour venir essayer le traitement silicaté de Sail, qui la débarrassa complétement en deux
saisons.

Elle est revenue en 1865, sans offrir la moindre trace d'éruption de la peau; mais elle n'en a pas moins suivi un traitement préservatif.

11ᵉ OBSERVATION

Eczéma des deux oreilles. — Phénomènes généraux. — Deux saisons aux eaux silicatées. — Guérison.

Mᵐᵉ A..., quarante-sept ans, — est atteinte d'eczéma des deux oreilles depuis quatre ans. Le mal n'a jamais disparu; il a envahi, au contraire, petit à petit, le pavillon et la conque, puis la nuque. Actuellement, il a de la tendance à se propager au cuir chevelu.

Par intervalle et lorsque l'eczéma passe à un état plus aigu, Mᵐᵉ A... sent des chaleurs intolérables dans la tête; tout tourne autour d'elle, il y a plus d'animation dans sa personne, elle se sent toute bouleversée.

Le 15 juin 1866, traitement topique, qui dure un mois; en août, nouveau traitement; au 15 septembre, les oreilles sont aussi nettes que la peau environnante.

Il est probable que la maladie récidivera; mais Mᵐᵉ A... est sûre de trouver un puissant palliatif à Sail-les-Château-Morand.

12ᵉ OBSERVATION

Lupus ulcéreux de la face, datant de plusieurs années. — Traitement long et varié. — Habitation à la campagne. — Trois saisons à Sail-les-Bains. — Pas de résultat. — Quatrième saison, traitement topique par les eaux silicatées. — Cicatrisation des surfaces ulcérées.

Françoise S..., quinze ans, — porte depuis environ trois ans deux plaques ulcérées sur la joue gauche et une troisième au pourtour de l'orifice nasal du même côté. Elle a passé plus de six mois à la Charité de Lyon, pour y suivre un traitement approprié ; après des alternatives variées, elle est retournée chez elle, dans un état peu satisfaisant.

Elle fait un premier traitement en 1865, avec les eaux de Sail, en boisson et en bain. Le seul résultat obtenu est la cessation de douleurs très-vives qui occupaient les parties malades. Au commencement de 1866, le mal augmente, il y a de nouvelles douleurs ; des croûtes se forment, tombent, se reproduisent ; les ulcérations rongent et détruisent les parties.

F. S... vient faire un deuxième traitement par les eaux de Sail. Résultat douteux. Pendant l'hiver, huile de foie de morue, etc.

En 1867, même état que précédemment. A cette époque, les effets topiques des eaux silicates de Sail nous étaient parfaitement connus. Nous ordonnons deux fois par jour des irrigations d'eau silicatée Duhamel, sur les surfaces malades, pendant vingt minutes chaque fois. Le résultat est si rapide, si inespéré, que nous interrogeons attentivement notre malade pour nous mettre à l'abri d'une erreur et nous bien convaincre que les lotions ont amené ce résultat.

Après vingt-huit jours de traitement, Françoise S... retourne chez elle guérie, du moins quant aux surfaces ulcérées, qui se sont couvertes d'une cicatrice assez profonde ; l'ouverture nazale gauche s'est tellement rétrécie, qu'il a fallu s'opposer à son occlusion, par un système de dilatation permanente.

13e OBSERVATION

Eczéma chronique des mains. — Guérison.

Mme D... est atteinte d'eczéma des mains ; elle a fait usage des eaux de Nérac, qui avaient paru lui être salutaires une première année ; mais, dans une deuxième saison, elle a éprouvé des poussées successives, qui ont mis les humeurs en mouvement ; elle est restée un an pour se remettre.

Actuellement, les accidents sont fixés aux mains, sous forme d'eczéma. Lotions fréquentes à la fontaine Duhamel ; les mains deviennent plus souples, l'eczéma se dessèche vite, et Mme D... part le 10 juillet 1866, en apparence entièrement guérie.

14e OBSERVATION

Eczéma de l'oreille gauche. — Suppuration du conduit auditif externe. — Volume considérable du pavillon. —
(Uriage et Sail-lès-Château-Morand.)

Mlle X... a fait une saison en 1865 à Uriage. Les eaux ont vivement excité l'état local, mais il n'y a pas eu de réaction salutaire. En 1866, elle accourt aux eaux silicatées de Sail.

Le traitement est particulièrement externe, il consiste en irrigations répétées à la fontaine Duhamel.

Ce cas était intéressant à suivre au point de vue de la différence d'action des eaux d'Uriage et celles de Sail-les-Château-Morand.

Tandis qu'à Uriage il y a eu vive excitation locale, sans résultat consécutif ;

A Sail-lès-Château-Morand, absence d'excitation locale et disparition de l'eczéma, comme par simple résolution.

15ᵉ OBSRVATION

A.... N..., vingt-six ans, — eczéma fendillé des doigts, datant de deux ans. Simples lotions avec les eaux silicatées, rapide disparition.

16ᵉ OBSERVATION

Eczéma du scrotum. — Vives démangeaisons. — Accidents insupportables. — Guérison.

M. B..., depuis plusieurs années, est affecté d'un eczéma qui, après avoir voyagé sur tout le corps, a fini par se fixer au scrotum.

Cette maladie s'accompagne d'accidents locaux insupportables, que le patient veut à tout prix faire disparaître.

Les eaux de Sail, en bain, arrivent à ce résultat au bout d'une saison.

AFFECTIONS UTÉRINES

Les heureux résultats obtenus, par l'action topique des eaux silicatées, sur les ulcères variqueux des jambes, les plaies; en un mot, sur tout ce qui était solution de continuité et engorgement, nous engagèrent à poursuivre nos essais sur les affections du col utérin.

Et, à ce propos, qu'on nous permette une courte digression.

Généralement, les femmes pratiquent très-mal les irrigations : elles se placent dans la position qui leur est la moins fatigante, et introduisent la sonde sans indication. Le liquide humecte le plus souvent à peine les parois vaginales et s'écoule immédiatement par la vulve.

Pas n'est besoin d'insister, pour montrer l'insuffisance d'un pareil procédé. Avant tout, le médecin doit examiner sa malade au spéculum ; il reconnaît l'affection et prend note de la position du col.

La femme se place ensuite sur l'espèce de lit qui constitue l'appareil à injection utérine, les jambes et le siége portent sur un plan incliné, de telle manière que l'ouverture de la vulve regarde en haut et en avant. Le col, par le fait de cette situation, se trouve dans la partie la plus déclive ; l'injection arrive directement sur lui, l'humecte continuellement, et ce n'est que par le trop plein que le liquide s'échappe de la cavité vaginale.

On a soin d'instruire la femme sur la direction qu'elle doit donner à la sonde, dans le cas de déviation, et sur la profondeur approximative à laquelle elle doit pénétrer.

Lorsque les malades, soit par ignorance, soit par indocilité, ne suivent pas exactement ce procédé, elles s'exposent le plus souvent à ne faire qu'un traitement illusoire.

17e OBSÉRVATION

Ulcération granuleuse du col. — Leucorrhée abondante. — Etat congestif. — Guérison.

Mme A...., à la suite de fausse-couche et d'un voyage fatigant, dans des chemins cahoteux, a été prise de douleurs violentes, à la région lombaire, et correspondant à la région sous-ombilicale, s'irradiant dans les hypochondres et s'exaspèrant par le moindre mouvement. Le col utérin est tuméfié, rouge ; il offre quelques ulcérations granuleuses, sur le pourtour de son orifice.

Ces ulcérations paraissent anciennes, la malade a depuis longtemps des pertes blanches considérables ; il y a encore un peu de rétroversion qui s'explique par l'état congestif : cautérisations multiples, repos, régime doux, bains, injections émollientes, tendance à de nouvelles poussées fluctionnaires, à l'ulcération et à la granulation.

25 juillet 1866, bains et irrigations silicatés.

10 août, Mme A... n'éprouve plus de douleurs, plus aucun signe objectif d'affection utérine.

20 août, le col n'est plus douloureux ; il a repris sa direction normale ; pas de tendance à la fluxion, bien que les règles aient cessé.

18e OBSERVATION

Granulations fongueuses. — Plusieurs cautérisations. — Tendance à de nouvelles poussées. — Les eaux silicatées de Sail. — Heureux résultat.

Mme X. S..., vingt-sept ans, a depuis longtemps des pertes blanches, pour lesquelles elles ne réclamait pas les soins médicaux ; dans ces dernières années, sa santé s'est dérangée, elle éprouve divers phénomènes du côté de l'estomac, des tiraillements dans le ventre, des douleurs sur le côté interne des cuisses, elle redoute la marche, elle est essouflée, elle a des palpitations.

Elle a consenti à se laisser examiner au spéculum : le Dr X. a trouvé sur le col, et se propageant à l'orifice, une surface recouverte de grosses granulations saignantes. Il a voulu pratiquer une cautérisation au fer rouge ; mais Mme X. s'y est vivement opposée ; le nitrate d'argent a été employé à plusieurs reprises : il y a eu amélioration. Deux mois après et à la suite des règles, quelques accidents inquiétants ont reparu ; le Dr X. a cautérisé de nouveau.

Mme X... fait son traitement avec une extrême ponctualité ; les irrigations silicatées à 29° ne peuvent être supportées que pendant quelques minutes, au début.

Bientôt la sensibilité disparaît et Mme X... peut faire ses irrigations pendant dix, douze minutes ; les douleurs du ventre disparaissent. Comme indice d'un état meilleur, la figure s'éclaircit, l'appétit renaît.

Après un mois de traitement, nous examinons Mme X. Le col est mou, toute trace de sensibilité a disparu ; les fongosités, qui avaient été détruites par la cautérisation, ne se sont pas reproduites, et la congestion du col semble complètement résolue.

19e OBSERVATION

Mme S..., ulcération du col. — Leucorrhée. — État congestif. — Souffrance abdominale. — Guérison.

20e OBSERVATION

Mme A...— Après un deuxième accouchement, leucorrhée légère. — Ulcération. — Col rouge, tuméfié. — Guérison.

21e OBSERVATION

Mme R..., leucorrhée catarrhale ancienne. — Irritation utérine fréquente. — Amélioration.

22e OBSERVATION

Mme D..., leucorrhée survenue après la disparition d'un eczéma des cuisses. — Amélioration.

3

23e OBSERVATION

Leucorrhée vulvaire chez une petite fille de deux ans. — Bains silicatés. — Guérison.

MALADIE DES YEUX

24e OBSERVATION

T..., vingt-deux ans, conjonctivite oculo-palpébrale chronique. — Dilatation et augmentation du nombre des vaisseaux conjonctivaux. — Guérison apparente sur place en 1865. — Retour des phénomènes sub-inflammatoires trois mois plus tard. — Nouveau traitement silicaté en 1866; grande amélioration; en 1867, état permanent très-satisfaisant.

25e OBSERVATION

G... P...; treize ans, blépharite chronique scrofuleuse, traitement par les irrigations et la boisson silicatées. —Guérison.

26ᵉ OBSERVATION

G..., dix-neuf ans, phlebectasie conjonctivale; poussées sub-inflammatoires fréquentes. — Grande amélioration après un mois de traitement par les eaux silicatées.

27ᵉ OBSERVATION

J..., seize ans, kèratite chronique vasculaire datant de plusieurs mois. Guérison par les eaux silicatées en boisson et en irrigations, au bout d'un mois de traitement.

28ᵉ OBSERVATION

M..., trente-deux ans, blépharite ciliaire, datant de trois ans, traitement par les eaux minérales variées, insuccès. — Grande amélioration par les eaux silicatées de Sail.

HÉMORRAGIES

29e OBSERVATION

Polypes nazopharyngiens. — Hémorragies fréquentes. — Eaux silicatées. — Cessation de cet accident.

M. R..., vingt-deux ans. — Depuis deux ans, polypes nazopharyngiens ; hémorragies fréquentes depuis trois mois. Il y a huit jours, l'épistaxis a été d'une durée très-inquiétante. La narine gauche est obstruée ; en fermant la narine droite, M. R... souffle difficilement de l'autre. Il y a dans sa parole et la déformation du nez des signes non équivoques.

Irrigations fréquentes d'eau silicatée, boisson très abondante.

Cette observation a cela de remarquable que les hémorragies nasales ont été presque supprimées par le traitement silicaté.

30e OBSERVATION

Mme R..., cinquante-six ans. — Cancer utérin à une période avancée, offrant comme symptôme présent, le plus inquiétant, des hémorragies fréquentes.

Mme R... a beaucoup de courage ; elle veut à tout

prix faire un traitement à Château-Morand. Irrigations silicatées, boisson. Les hémorragies diminuent très-sensiblement après la première semaine; cet état se maintient la deuxième semaine. La malade, moins épuisée par les pertes sanguines, reprend quelques forces et part avec de grandes espérances !

31ᵉ OBSERVATION

Corps fibreux de l'utérus. — Hémorragies fréquentes. — Augmentation graduelle des tumeurs. — Traitement varié. — Cessation des hémorragies par l'usage des eaux silicatées de Sail. — La tumeur semble rester stationnaire.

Mᵐᵉ N..., quarante-sept ans. — Est sujette depuis un an à des hémorragies abondantes. Elle a d'abord rattaché cet accident à l'époque de la ménopause, qui arrive pour elle. Cependant, des douleurs hypogastriques expulsives et des pressions douloureuses dans différentes parties de l'abdomen, s'ajoutent à cette complication. Un écoulement glaireux assez abondant se déclare entre les époques hémorragiques. Phénomènes divers du côté de la vessie et du rectum, céphalagie, palpitations.

Le toucher pratiqué pendant une époque ménorragique constate que le col est abaissé, fixe, et l'ouverture béante. La main placée sur le ventre permet de reconnaître l'augmentation du volume de l'utérus. Tous ces symptômes nous donnent à peu près la certitude de la formation de corps fibreux dans cet organe.

10 août 1867, boissons silicatées, bains et irrigations simples à 30°.

Les signes subjectifs s'amendent au bout de cinq à six jours. Les hémorragies finissent par disparaître. La malade devient plus légère et plus gaie ; elle reprend ses forces, l'appétit revient.

Elle part le 10 septembre 1867, dans ces conditions très-satisfaisantes.

32e OBSERVATION

Mme R...., quarante-deux ans, mère de plusieurs enfants, est sujette depuis longtemps à des ménorragies abondantes ; elle a déjà fait un traitement à Sail-les-Château-Morand en 1863. Elle a reconnu que ces eaux avaient considérablement diminué ses pertes mensuelles. Depuis un an et demi, les hémorragies vont en augmentant. Quand le moment arrive, elle est obligée de garder huit à dix jours le lit, dans la position horizontale, et sans faire le moindre mouvement.

Cette femme, examinée attentivement, n'offre aucun signe objectif capable d'éclairer sur la cause de ces hémorragies. Le spéculum seul nous montre quelques granulations au pourtour de l'orifice du col, ainsi qu'un peu de rétroversion.

Mme R... ne veut pas être cautérisée ; elle prétend que les eaux lui ayant réussi suffisamment une première fois, lui seront également favorables une seconde.

En effet, elle se met au traitement primitif : bains, boissons, irrigations silicatées à 29°.

Au milieu de la saison, les règles reviennent; elle agit, comme toujours, avec la plus grande précaution.

Au bout de cinq jours, tout écoulement disparaît. Le traitement est repris ensuite.

La simplicité de cette dernière épreuve doit être due à l'action des eaux silicatées.

AFFECTIONS DE LA PEAU GÉNÉRALISÉES

33e OBSERVATION

Eczéma chronique fendillé des jambes et des bras datant de plus de dix mois. — Extension au cou et à la face. — Gonflement des extrémités inférieures. — Marche difficile. — Varices. — Eessai infructueux à différentes stations minérales. — Traitement par les eaux silicatées de Sail-les-Bains (Château-Morand). — Guérison complète au bout de deux saisons

Mme X..., cinquante ans, a, depuis plusieurs années, des croûtes sur différents points de la figure. Au commencement de l'année 1865, elle est tombée dans l'eau froide; à la suite de cet accident, la peau des bras et des jambes a rougi par plaques: démangeaison vive, sécrétion de sérosité limpide et citrine, état ponctué, puis formation de lamelles épidermiques adhérentes, chute de ces lamelles, aspect fendillé de la peau, sérosité; guérison temporaire, puis nouvelle poussée avec le cortége des symptômes ci-dessus mentionnés; et ainsi de suite.

L'eczéma a envahi les épaules et les oreilles; les jambes sont vivement irritées; on aperçoit des veines variqueuses à la partie interne; depuis deux mois, gonflement des extrémités inférieures, qui augmente dans la station verticale. Mme X... en est réduite à garder un repos complet au lit.

Traitement : oxyde de zinc, cataplasmes de fécule, purgatifs, sureau, douce-amère, bains, etc. Essai à différentes stations minérales; pas de résultat.

Elle arrive à Sail le 31 mai 1865; pendant cinq ou six jours, bains alcalins à 32°, boisson Duhamel; puis traitement ordinaire par les eaux silicatées.

Le 20 juin, jour de son départ, cette dame se trouve dans d'excellentes conditions relatives. L'état général s'est amélioré, le gonflement des jambes a disparu, en partie, et l'irritation eczémateuse a diminué considérablement; Mme X... peut se promener assez longtemps sans être incommodée.

Le 12 août, elle revient à Sail; elle nous raconte qu'à son retour chez elle, elle a vu son eczéma disparaître comme par enchantement; persuadée qu'elle a trouvé enfin l'arcane qu'elle cherche, elle recommence une seconde fois le traitement silicaté, et, le 1er septembre, elle quitte l'établissement avec toutes les apparences d'une guérison durable.

34ᵉ OBSERVATION

Eczéma impétigineux et intertrigo, occupant presque tout le corps. — Guérison au bout de deux saisons, à Sail-les-Château-Morand.

Mᵐᵉ B..., de Roanne, soixante-deux ans, 2 juin 1867. La maladie a débuté il y a trois ans par une conjonctivite de l'œil gauche; à la suite, démangeaisons vives et rougeurs sur la figure, le nez et l'intérieur des fosses nazales.

Eruption d'eczéma impétigineux, puis plaques d'intertrigo sur tous les plis du corps; traitement silicaté en boisson et en bain.

12 juin 1867, les yeux sont guéris.

22 juin, départ, grande amélioration.

3 août, Mᵐᵉ B... revient faire un deuxième traitement. Depuis quinze jours, son corps n'offre plus aucune trace d'éruption. Le nez seul est encore obstrué par quelques croûtes impétigineuses.

15 août, Mᵐᵉ B..., part complétement débarrassée.

35ᵉ OBSERVATION

Ecthyma du cou et des membres.

Mᵐᵉ D.., vingt-quatre ans, tempérament scrofuleux, plaques d'ecthyma sur les membres inférieurs et le cou; traitement par les eaux silicatées en 1865. La santé redevient parfaite; au printemps suivant, légère manifestation; nouveau traitement silicaté, guérison.

36ᵉ OBSERVATION

Eczéma rebelle datant de deux ans, ayant résisté à tout traitement. — Guérison.

M. B…, 1ᵉʳ juillet 1866, plaques d'eczéma sur les membres et le dos, datant de deux ans, traitée sans succès par une infinité de moyens.

22 juillet, tout a presque disparu.

17 août, M. B… revient pour faire une demi-saison, les eaux lui ayant déja réussi.

Ce que nous observons de particulier chez cette malade, c'est un état parfait de santé, qui a succédé à un état cachectique.

1ᵉʳ septembre, M. B… part complétement guérie.

GRAVELLE ET GOUTTE

La réputation des eaux de Vichy, si solidement établie depuis longtemps dans la gravelle et la goutte, empêche les établissements voisins de faire une grande expérience de ces maladies.

Sail-les-Château-Morand, qui se trouve aux alentours de Vichy, n'a reçu au début que les goutteux venant faire de la villégiature; dans ces dernières années, quelques podagres, peu satisfaits des eaux bicarbonatées sodiques fortes, se sont hasardés dans notre établissement.

Nous avons rattaché les résultats, à peu près constants, à l'action des silicates de lithine et de potasse, qui viennent de faire avec un certain éclat leur entrée dans la pratique médicale.

37e OBSERVATION

Goutte très-ancienne traitée à différentes stations thermales, déjà améliorée par les eaux silicatées de Sail. — Accès fréquents. — Douleurs continuelles depuis huit à dix mois. — Dépôt des matières tophacées autour des articulations des phalanges. — Impossibilité dè se servir des mains. — Traitement par les eaux silicatées de Sail. — Amélioration considérable.

Mme de H..., soixante-quatre ans, — est atteinte de la goutte depuis quinze ans au moins; c'est une maladie de famille. Les débuts ont été de véritables accès, pendant lesquels le gros orteil gauche était le siége des phénomènes inflammatoires ordinaires.

Mme de H... est allée à Vichy à deux reprises différentes. Peut-être a-t-elle moins souffert l'année qui a suivi la première saison; en tout cas, la deuxième saison ne lui a pas été favorable.

L'hiver qui a suivi a été rigoureux; il y a eu un accès violent, qui ne s'est pas terminé franchement. Les douleurs ont apparu aux coudes, il y a eu des névralgies intercostales très-tenaces; tout l'hiver elle a souffert d'accidents variés ; elle a été envoyée en 1859 à Sail-les-Château-Morand.

Tous les phénomènes irréguliers se sont amendés, les douleurs ont disparu. Mme de H... est restée dans un état satisfaisant jusqu'en mars 1860, époque où un nouvel accès violent est apparu.

En 1860, Mme de H... est envoyée en Allemagne ; sa maladie n'est pas mieux guérie. Les années qui suivent, elle revient encore une fois à Vichy, qui exaspère les douleurs.

En 1865, au moment où elle vient nous consulter, les douleurs erratiques ne l'abandonnent presque plus, l'appétit est perdu, les doigts sont enkylosés, l'état général est compromis.

Mme de H... prend des bains et boit à la source silicatée Duhamel, d'abord quelques verres par jour, puis elle peut en augmenter le nombre, de manière à arriver au chiffre énorme de quatorze verres.

L'appétit est revenu, les douleurs disparaissent, l'état général est très-satisfaisant ; si la malade n'est pas guérie de sa diathèse, il est bien démontré que ni les eaux de Vichy, ni celles d'Allemagne n'ont eu chez elle un pareil résultat.

Mais le phénomène qui a été le plus saillant a été l'effet obtenu du côté des mains. Mme de H..., qui ne pouvait presque plus s'en servir pour les usages ordinaires de la vie, a pu jouer des quadrilles et des polkas à la fin de la saison.

Nous ne voulons pas conclure de ce résultat que les tophus se sont résorbés ! Nous donnons simplement le fait tel qu'il s'est passé.

38ᵉ OBSERVATION

**Gravelle urique. — Sables rendus en grande abondance.
— Etat nerveux. — Amélioration.**

Mᵐᵉ R... rend depuis de longues années des sables
dans les urines; elle a fini par se préoccuper de son
état; elle est devenue très-irritable; elle éprouve des
douleurs dans le ventre, dans les reins, dans les membres; il y a souvent de l'insomnie. A l'époque de la
décharge des sables, il y a des phénomènes variés du
côté de la vessie.

En 1866, elle vient prendre les eaux silicatées de
Sail, en boisson et en bain.

Au bout de trois jours, elle se remet à charrier une
grande quantité de sables; la débâcle dure onze jours.
Après cette époque, elle est soulagée, la muqueuse
vésicale est dans un meilleur état et l'état général est
très-amélioré.

39ᵉ OBSERVATION

M. H..., de Lyon, goutte chronique, accès très-
douloureux ; eaux silicatées de Sail, amélioration,
accès subséquents très-supportables; retour à Sail en
1866. Boisson abondante. M. H... rend quelques
petits graviers, ce dont il est très-effrayé; l'hiver
suivant, un seul accès de goutte; nouvelle saison en
1867.

On doit autant ce résultat aux eaux de Sail qu'à

l'hygiène adoptée par M. H..., qui fait beaucoup d'exercice et apporte dans son alimentation toutes les réserves que nous avons indiquées.

40e OBSERVATION

M. N..., de Saint-Etienne, gravelle urique, s'est
bien trouvé des eaux de Vittel, il y a deux ans. Ne
voulant pas entreprendre ce voyage avec sa famille, il
vient à Sail en 1867. Boisson abondante, débâcle de
petits graviers au bout de deux jours. Départ dans un
état très-satisfaisant.

41e OBSERVATION

M. M..., soixante-neuf ans, goutte anormale, n'a
jamais été aux eaux ; il se plaint d'un rhumatisme,
qui, bien examiné, n'est autre chose qu'un accident
de la goutte. M. M... a des concrétions calcaires à
l'oreille droite ; il a eu des inflammations successives
du gros orteil.

Actuellement, les articulations des pieds sont douloureuses ; elles varient avec des diarrhées abondantes
et quelquefois des accès d'asthme. L'estomac est très-
mauvais.

M. M... fait un traitement régulier par les eaux de
Sail ; les symptômes disparates s'amendent. Il part
dans un excellent état.

CHAPITRE IV

Les médecins qui nous ont précédé aux eaux de Sail-les-Château-Morand n'ont jamais pris en sérieuse considération la présence de la silice et des silicates qui saturent les sources ; avant nous, on pratiquait à l'établissement un traitement dit composé ou mixte, qui consistait à prescrire la boisson aux différentes fontaines et des bains variés. Les eaux de Sail-les-Bains sont, en effet, de composition très-différente ; les unes offrent des traces d'iode, d'autres sont légèrement sulfureuses, il en est enfin qui sont simplement silicatées.

Les guérisons qu'on obtenait par le traitement mixte étaient attribuées à l'iode et au soufre.

Pendant les premières années de notre pratique, nous avons suivi le même système de traitement, et notre foi était suffisamment éclairée par la présence de l'iodure et de l'hydrogène sulfuré.

Qu'arrivait-il alors ? Ne cherchant plus dans nos

eaux que l'action de l'iode et du soufre, nous négligions bien souvent les sources qui n'en contenaient pas ; notre dessein était alors d'agir plus directement sur certains cas graves. Le résultat était le plus souvent une déception.

Les sources iodées et sulfureuses isolées n'avaient pas autant d'action que toutes les sources réunies. Nous revînmes donc au traitement mixte, et nous n'en serions probablement plus sortis, si une circonstance particulière n'était venue nous tirer de cette situation confuse et empirique.

Bien souvent, les buveurs se plaignaient de ce qu'une foule de gens apposaient leurs membres malades contre les robinets de la fontaine silicatée Duhamel. Les remontrances ne manquaient pas, mais on continuait de plus belle.

Pour obvier à cet état de choses, l'administration se décida à créer un cabinet attenant à la source, où les malades pouvaient faire leurs ablutions sans être inquiétés.

C'est après cette installation que nous observâmes les plus beaux faits de guérison, par les irrigations prolongées à la source silicatée.

Bientôt nous ne traitâmes plus les ulcères des jambes que par ce moyen. Les plaies guérissaient, les engorgements disparaissaient ; nous fîmes ensuite des essais sur les affections localisées de la peau. Les résultats furent aussi satisfaisants.

Un lupus, qui avait été traité sans résultat pendant trois saisons par les eaux sulfureuses, fut cicatrisé en vingt jours par les irrigations silicatées.

Plus tard, les ulcérations, engorgements du col utérin, etc., y subirent les modifications les plus avantageuses. Le doute n'était donc plus permis, les eaux
silicatées avaient joué le principal rôle dans le traitement mixte.

Nous recueillîmes alors la plupart des observations
que nous avons relatées dans le chapitre précédent, et
qui prouvent :

Que les eaux silicatées de Sail-les-Château-Morand
sont :

1° *Cicatrisantes et résolutives* des ulcères variqueux
et plaies, des maladies de la peau localisées, de certaines affections du col utérin ;

2° *Astringentes*, dans les phlébectasies externes de
l'appareil oculaire, dans certaines hémorragies ;

3° *Spéciales*, dans les maladies de la peau, la gravelle et la goutte.

Si nous rapprochons ces résultats de ceux qui sont
exposés au chapitre II, et qui servent isolément à
l'histoire de la silice et des silicates, nous trou-
vons :

L'action cicatrisante et résolutive déjà indiquée par
M. Mougeot, qui propose les pommades et les cataplasmes à la silice, et déduite également de quelques faits très-positifs de la clinique de Bourbonne-les-
Bains ;

L'action astringente sur les vaisseaux sanguins
énoncée dans les recueils homœopathiques ;

L'action sur certaines maladies de la peau expliquée
par M. Gigot-Suard ;

Enfin, l'action spéciale contre la gravelle et la

4

goutte, prônée dans les travaux de MM. Petrequin, Socquet et Bonjean.

Les observations que nous présentons, d'accord avec les données antérieures, posent sur des assises plus certaines les propriétés de la silice et des silicates.

Mais ici, comme en toute matière scientifique, nos observations ont besoin d'être corroborées par des faits nombreux, provenant d'autre source que la nôtre. Nous invitons nos collègues d'Evaux et d'Arlanc à nous faire connaître l'expérience qu'ils ont acquise auprès de leur source minérale silicatée.

Nous sommes persuadé que tous les travaux nouveaux sur ce sujet auront pour résultat de mieux faire apprécier des agents sérieux, et qui méritent d'occuper une place importante, non-seulement dans l'hydropathie minérale, mais encore dans la matière médicale usuelle.

MODE D'ACTION DES EAUX SILICATÉES

Nous avons vu déjà que les eaux minérales silicatées se décomposent avec une grande facilité au contact de l'air. L'acide carbonique de l'atmosphère déplace l'acide silicique, pour former un carbonate alcalin, et l'acide silicique se dépose sous forme gélatineuse.

Ce fait a été particulièrement mis en lumière par les analyses de M. O. Henry. « J'avais remarqué, dit cet auteur, pendant l'évaporation de l'eau minérale d'Evaux, que, vers la fin de l'opération, il se sépare une grande quantité de silice, qui apparaît sous la forme gélatineuse ; le produit fait aussi alors une forte effervescence avec les acides, et est d'une forte alcalinité. J'avais vu, en outre, qu'en ajoutant dans l'eau d'Evaux un certain excès d'acide sulfurique, on n'obtient en acide carbonique qu'un dégagement peu abondant, même après avoir chauffé longtemps, et qu'en même temps il se sépare une proportion fort notable de silice très-hydratée, qui nage au fond du liquide et se sépare en gelée après l'évaporation ; enfin, en chauffant longtemps (ce point est nécessaire), un poids connu d'eau minérale avec l'acide sulfurique, dans un ballon convenable, et recueillant tout le gaz, puis l'analysant, je n'ai eu en acide carbonique qu'un volume dont le poids dépassait à peine celui qui constitue les carbonates terreux, supposés bicarbonates, comme cela doit être dans l'eau intacte.

« Je pensai donc, et ce fait me paraît s'appliquer à beaucoup d'eaux minérales alcalines, ainsi que j'ai eu plusieurs fois occasion de le remarquer, que la majeure partie du carbonate de soude obtenu dans le produit de l'évaporation provenait de la décomposition d'un silicate primitif à base de soude, altéré plus tard par l'acide carbonique de l'air extérieur. La proportion de silice séparée de l'eau est bien supérieure à celle que ce liquide peut en dissoudre, même à l'état gélatineux, ce qui suppose aisément une combinaison soluble, un silicate.

« O. HENRY. »

Par suite de ces réactions, l'acide silicique et les silicates alcalins peuvent se trouver tour à tour ou simultanément dans les eaux silicatées ; il importe donc de déterminer la part qui revient à chacun de ces agents dans l'action thérapeutique.

L'administration externe des eaux silicatées sous forme de bain laissant à l'air ambiant la liberté de se mêler aux liquides, favorise essentiellement la production de l'acide silicique. Cette décomposition est encore plus activée, si les eaux sont employées dans un état plus ou moins grand de division (lotions, irrigations, ablutions, etc.).

Il est donc permis de penser que les effets topiques (cicatrisants et résolutifs) sont dus à la silice, et cela d'autant mieux que MM. Cabrol et Mougeot, avec l'acide silicique pur, sont arrivés aux mêmes résultats.

Dans l'administration interne des eaux silicatées, le liquide est soustrait en grande partie à l'action de l'air. Les silicates pénètrent, par conséquent, intacts dans l'organisme ; les acides des milieux qu'ils traversent les décomposent, au même titre que l'acide carbonique, pour former des sels alcalins. La silice libre produit très-probablement les effets astringents que nous avons notés dans les observations de varices et d'hémorrhagies.

La silice est donc cicatrisante, résolutive et astringente.

Gravelle, goutte, maladies de la peau.

Il est un état morbide général, caractérisé par la formation dans nos tissus et surtout par la présence dans le sang d'un excès d'acide urique : il a été qualifié du nom de diathèse urique et, dans ces derniers temps, d'uricémie.

Les manifestations de cette altération organique éclatent le plus souvent sous forme de gravelle et d'accidents de goutte; d'autrefois, elles prennent l'aspect de maladies de la peau.

Les indications médicales de cet état morbide consistent :

1° A empêcher la formation excessive de l'acide urique ;

2° A faire passer l'acide urique à l'état de combinaison plus soluble.

La première indication est du ressort de l'hygiène. (alimentation, exercice, etc.); nous n'avons pas à nous en occuper ici. La seconde peut être remplie très-efficacement par les eaux silicatées.

Essayons d'en expliquer le mécanisme.

Nous venons de voir que, par la boisson des eaux silicatées, les silicates alcalins arrivent intacts au sein de l'organisme ; ils se trouvent bientôt en présence, soit dans la trame organique, soit dans le sang, de l'acide urique surabondant qui les décompose pour former un urate alcalin soluble. Ce n'est pas seulement une hypothèse que nous émettons ici : M. Bonjean a prouvé expérimentalement, en 1858, que l'acide urique, mêlé aux silicates alcalins, forme rapidement un urate soluble. Il y a plus, le même auteur a vu que l'acide urique n'a aucune action, ni à chaud ni à froid, sur les carbonates, d'où il conclut que, de tous les alcalins, ce sont les silicates qui sont les plus aptes à dissoudre l'acide urique.

De même que les silicates offrent des avantages
sur les carbonates, au point de vue de la solubilité
des urates, de même, suivant que telle ou telle base
se combine avec l'acide urique, la solubilité des
urates dans l'eau augmente.

Le tableau suivant, emprunté à Schlossberger,
donne le degré de solubilité de l'acide urique, suivant
qu'il est uni à telle ou telle base.

Les urates ci-après réclament pour leur solution :

	PARTIES D'EAU FROIDE	PARTIES D'EAU BOUILLANTE
Une partie d'urate de potasse (sel neutre)	44	35
— — (sel acide)........	790	75
Une partie d'urate de soude (sel neutre).	77	85
— — (sel acide)..	1150	122
Une partie d'urate d'ammoniaque.......	1600	inconnu
Une partie d'urate de baryte (sel neutre).	7900	2700
— — (sel acide)..	insoluble	insoluble
Une partie d'urate de chaux (sel neutre).	1500	1440
— • — (sel acide)...	603	276
Une partie d'urate de magnésie (sel acide)	3750	160

Nota. — Les recherches plus récentes de MM. Garrot et Charcot placent, en
tête des urates solubles, l'urate de lithine, omis par Schlossberger.

Les urates les plus solubles sont ceux de lithine et
de potasse.

Si donc nous unissons la silice à la lithine et à la
potasse, nous formons des sels qui, administrés dans
l'uricémie, faciliteront au plus haut degré la dissolu-
tion de l'acide urique.

Les eaux silicatées de Sail-les-Château-Morand
offrent ces conditions avantageuses.

SOURCE D'URFÉ

Analyse sur les lieux, par O. Henry

		silicates
Acide carbonique et azote................		
Silicate de lithine et d'alumine...........	0 0300	
Silicate de potasse et de soude............	0.1001	0.1301
Bicarbonate de soude et de potasse........ ...	0.1357	
Chlorure de sodium.....................	0.0400	
Sulfate de soude.......................	0.1440	
Bicarbonate de chaux de magnésie........	0.0700	
Iodure alcalin.........................	traces	
Matière organique................... ..	traces	

$$0.5198$$

Les eaux de la source d'Urfé sont principalement minéralisées par les silicates de potasse et de lithine. Cela nous explique la puissance qu'elles ont dans la gravelle urique, la goutte et les maladies de la peau de cause uricémique.

M. Labat, à la Société d'Hydrologie, a prétendu que les silicates n'étaient pas en quantité suffisante dans les eaux minérales, pour expliquer les résultats obtenus dans la diathèse urique !

Notre honorable confrère ne connaissait pas les expériences que M. Petrequin, de Lyon, a faites sur lui-même, avec le silicate de soude. Tandis que l'eau de Saint-Galmier n'a aucune action sur les urines, cette même eau, additionnée de 0,50 et seulement de 0,25 de silicate de soude, les a rendues promptement alcalines.

Ne demandez donc pas des doses élevées de silicate ; il n'est pas nécessaire qu'elles soient égales à celles des bicarbonates, puisqu'il est prouvé qu'elles sont plus actives et qu'elles sont plus dissolvantes de l'acide urique, surtout si elles sont combinées aux bases de lithine et de potasse.

Il ne faudrait pas non plus conclure de ce que les eaux silicatées ne produisent pas l'alcalisation, qu'elles sont impropres à modifier la diathèse urique. Combien d'eaux minérales bicarbonatées n'ont aucune action sur les urines, qui sont très-utiles dans la goutte!

En résumé, les eaux silicatées sous forme topique agissent principalement par la silice ; elles sont cicatrisantes et résolutives.

A l'intérieur, la silice rendue libre agit avec astriction sur les tissus. Les silicates et surtout les silicates de lithine et de potasse facilitent au plus haut degré la formation des urates solubles.

CONCLUSIONS GÉNÉRALES

I. — Les corps placés en sous-ordre dans la composition des eaux minérales exercent une influence curative très-évidente.

II. — La silice et les silicates se trouvent en proportion variable dans presque toutes les sources minérales.

III. — Leur action thérapeutique a été très-imparfaitement étudiée jusqu'à ce jour.

IV. — Dans les eaux silicatées, il faut distinguer : 1° les effets qui sont dus à la silice ; 2° ceux qui sont dus aux silicates.

V. — Sous forme topique, les eaux silicatées agissent principalement par la silice, elles sont cicatrisantes et résolutives.

VI. — A l'intérieur, la silice rendue libre agit astrictivement sur les tissus.

VII. — Les silicates, facilement décomposables, se prêtent merveilleusement à la formation des urates solubles dans la diathèse urique : ils constituent à ce titre des agents précieux contre la gravelle, la goutte, et les maladies en général de cause uricémique.

TABLE DES MATIÈRES

Nice. — Typ. V.-Eugène GAUTHIER et Cᵉ.

144

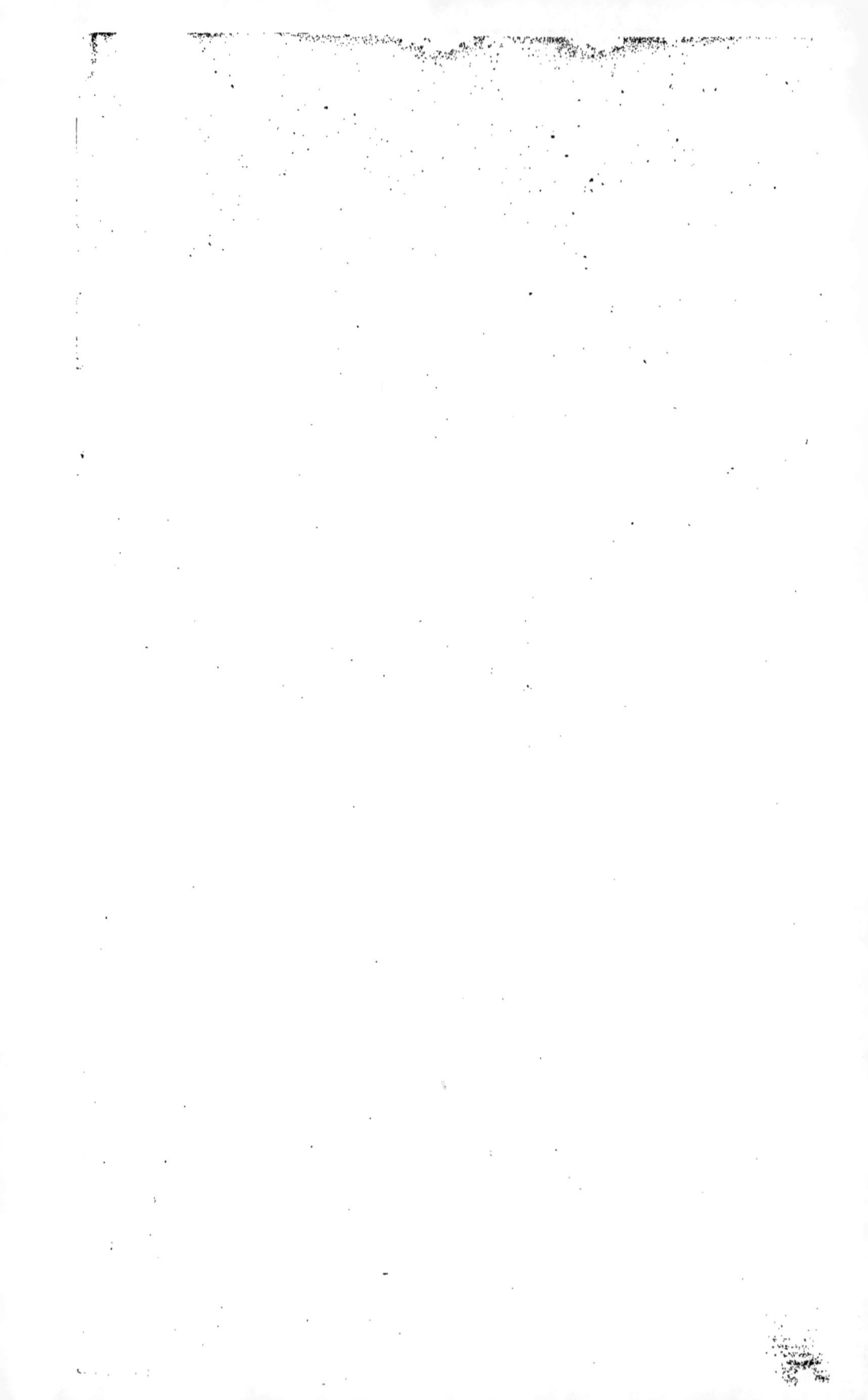

www.ingramcontent.com/pod-product-compliance
Lightning Source LLC
Chambersburg PA
CBHW050517210326
41520CB00012B/2339